绿色食品标识使用典范
（2023）

◎ 中国绿色食品发展中心　组织编写

中国农业科学技术出版社

图书在版编目（CIP）数据

绿色食品标识使用典范. 2023 / 中国绿色食品发展中心
组织编写. --北京：中国农业科学技术出版社，2024.1
ISBN 978-7-5116-6709-0

Ⅰ. ①绿…　Ⅱ. ①中…　Ⅲ. ①绿色食品－标识－使用
方法－中国－2023　Ⅳ. ①TS2

中国国家版本馆CIP数据核字（2024）第 011983 号

责任编辑　周　朋
责任校对　王　彦
责任印制　姜义伟　王思文

出 版 者　中国农业科学技术出版社
　　　　　北京市中关村南大街 12 号　　邮编：100081
电　　话　（010）82103898（编辑室）　　（010）82106624（发行部）
　　　　　（010）82109709（读者服务部）
网　　址　https:// castp.caas.cn
经 销 者　各地新华书店
印 刷 者　中煤（北京）印务有限公司
开　　本　210 mm×290 mm　1/16
印　　张　8.25
字　　数　150 千字
版　　次　2024 年 1 月第 1 版　　2024 年 1 月第 1 次印刷
定　　价　68.00 元

绿色食品标识使用典范（2023）
编委会

目　录
CONTENTS

河北西麦食品有限公司

　　河北西麦食品有限公司位于河北省保定市定兴金台经济开发区，是目前国内燕麦片加工能力最强的企业，其独有的 3S 熟化生产工艺，以及引进的德国布勒先进生产工艺，最大限度保留了燕麦的芬香与营养。公司以实施 ISO 22000 体系为基础，推行有机产品认证、绿色食品认证、BRC《食品安全全球标准》等多维度的质量安全控制体系，切实将质量管理落实到基地种植、生产过程、储存、销售、服务等各个环节，确保产品的食品安全和品质稳定。

典范产品1 燕麦片（即食）

典范产品2 燕麦片（快熟）

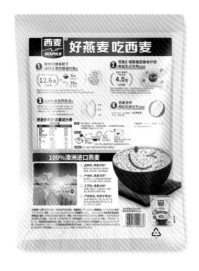

河北晨风面业有限公司

　　河北晨风面业有限公司位于中国优质强筋小麦生产基地——石家庄东南 30 千米，地处藁城区 31.95 万亩天然富硒带的核心区域，原粮优势得天独厚。公司成立于 2004 年 10 月，注册资本2 000 万元，总投资 1.6 亿元，现有员工 156 人，高级技术人员 26 人，国内资深制粉专家 1 名，先后被认定为河北省农业产业化重点龙头企业、河北省省级示范联合体核心龙头企业、河北省专精特新中小企业。

典范产品1 藁好麦多用途麦芯粉

典范产品2 优质小麦全麦粉

玉锋实业集团有限公司

　　玉锋实业集团有限公司是一家以农业产业化全产业链发展为使命的大型集团化公司。主要业务涵盖粮食收储及加工、食品、动物饲料、功能糖醇、粮油、生物制药、热电、水治理、仓储物流、国际贸易等板块，具有强大生命力和发展前景。是 2021 年中国制造业民营企业 500 强、农业产业化国家重点龙头及百强企业、国家级专精特新"小巨人"企业、全国农产品加工 100 强企业，其"玉星"商标为中国驰名商标。生产基地分布在河北、河南、内蒙古等地区，是目前我国单体最大的玉米深加工企业。

典范产品 食用玉米淀粉

绿色食品
GreenFood
GF130528170123
经中国绿色食品发展中心许可使用绿色食品标志

农业产业化国家重点龙头企业

食用玉米淀粉

玉　星

配料:玉米　　　　质量等级:一级品
净含量: 25kg　　　保质期:24个月
食品生产许可证编号:SC12313052800760
执行标准:GB/T8885

玉锋实业集团有限公司

产地:河北省邢台市　电话:400-612-9869
厂址:河北省邢台市宁晋县西城区
贮存条件:常温、遮阴、干燥、通风良好、洁净、无异味、无病虫害和鼠害的环境下，不能与有毒、有害物品混贮，不应露天堆放。

食品级包装生产许可证证号: (鲁)XK16-204-03399

承德怡达食品股份有限公司

　　承德怡达食品股份有限公司集种植、加工、研发、销售、文创、旅游、观光体验于一体，是一二三产相融合的现代企业、山楂食品行业标准参与制定者，引领着山楂产业的发展方向与趋势。先后获农业产业化国家重点龙头企业、国家林业重点龙头企业、中国驰名商标等诸多荣誉称号。怡达产品以传统山楂食品为主线，突出"大健康"概念，不断创新、研发、融合，目前，已拥有怡达山楂、怡李济、灵猴部落、开味萌主、叽叽楂楂、轻轻相遇 6 大品牌系列 400 余种产品。

典范产品1 **果丹皮**

典范产品2 **夹层山楂**

山西沁州黄小米（集团）有限公司

　　山西沁州黄小米（集团）有限公司是以沁州黄小米为基础产业，以小米深加工产品为主导方向，集良种繁育、基地种植、科研开发、产品加工、市场营销于一体的农业产业化国家重点龙头企业，主营商品有沁州牌沁州黄牌小米和谷之爱营养小米米粉两大系列。企业实施"公司＋基地＋合作社＋大户＋标准化＋品牌"的经营模式，年带动 13 000 余农户种植沁州黄谷子增收致富。公司现已发展成为中国小米行业的领军企业。

典范产品　沁州黄小米

山西东方亮生命科技股份有限公司

山西东方亮生命科技股份有限公司位于山西东方亮小米之乡广灵县，是一家集五谷杂粮和养生食品的研发、生产和销售于一体的农产品加工企业。2017年10月18日，"东方亮"公司成功获准公司股票在全国中小企业股份转让系统挂牌（证券代码：872301），并于2017年11月8日正式挂牌。

典范产品 小米

内蒙古久鼎食品有限公司

内蒙古久鼎食品有限公司是一家集产品研发、生产加工、原料供应、市场销售为一体的现代化食品企业，专注于"以亚麻籽产业为核心业务"的大健康食品产业。公司实行多品牌的产品经营战略，"鼎和"为注册商标，是公司旗下健康营养食用油品牌。

典范产品1 亚麻籽油

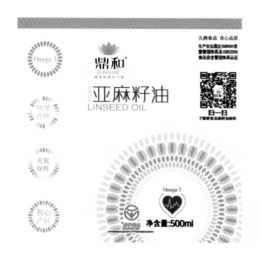

典范产品2 胡麻油

内蒙古塞宝燕麦食品有限公司

　　内蒙古塞宝燕麦食品有限公司是一家以燕麦食品开发、生产和经营为主业的食品企业，拥有燕麦食品研发、生产制造、经营销售的完整产业体系，是我国西部地区乃至全国燕麦产业的领军企业。公司生产基地位于内蒙古呼和浩特，依托阴山南北，打造燕麦种植基地。公司成立之初就以"开发内蒙古特色燕麦资源，做中国燕麦产业奠基人"为奋斗目标。

典范产品 雪花大燕麦片

内蒙古恒丰集团银粮面业有限责任公司

　　内蒙古恒丰集团银粮面业有限责任公司是中国西北地区最大的粮食加工企业集团，是国家级农业产业化重点龙头企业、巴彦淖尔市农牧业产业化示范联合体，并获"北京奥运会粮油产品优秀供应商""中华老字号"荣誉称号，拥有的"河套"商标为中国驰名商标和内蒙古著名商标，市场规模及占有率均居全国同行业前列。公司奉行"质量为本、创新为魂、顾客至上、品牌至尊"的经营理念，倡导科技创新、管理创新、产品创新、经营创新，以实力和信誉创造高品质的绿色保健食品。

典范产品1 河套牌雪花粉（小麦粉）

典范产品2 河套牌雪花水饺粉（小麦粉）

盘锦鼎翔米业有限公司

　　盘锦鼎翔米业有限公司是集稻米种植、生产、仓储、加工和销售于一体的科技型企业，是国家级有机食品生产基地，也是农业产业化国家重点龙头企业、中国好粮油省级示范企业、中国粮食行业 50 强企业。1999 年开始绿色食品认证，2003 年开始有机食品认证，是国内认证最早、认证面积最大的有机稻米生产基地。拥有鼎翔、粳冠、津粳乐稻、粳冠玉粳香、粳冠软玉 5 个自主品牌。

典范产品 优质盘锦大米

大连盐化集团有限公司

　　大连盐化集团有限公司是全国四大海盐场之一、中国轻工业制盐行业十强企业、国家食盐定点生产企业。集团公司坐落在中国海盐之乡——复州湾。复州湾地区寒暑交界，四季分明，日照时间长，温度、湿度适中，得天独厚的地理环境造就了精品海盐的出产地。

典范产品 **加碘精制盐**

长岭县原生种植农民专业合作社

　　长岭县原生种植农民专业合作社占地 13 000 平方米，建筑及硬化厂地面积 3 000 平方米，总资产 400 万元，固定资产 200 万元，现有一套大型面粉加工设备，日加工小麦 15 吨，完全采用低温加工工艺。合作社自成立以来致力于发展小冰麦绿色产业，从种植、加工到销售形成了一条完整的产业链，真正做到了产加销一条龙，做到了一二三产有效融合。

典范产品　小冰麦面粉

黑龙江六水香生态农业有限公司

　　黑龙江六水香生态农业有限公司采用世界一流的日本佐竹全套精制大米生产线，全程智能化、数字化、自动化。

　　公司是国家重点龙头企业、AAA 质量诚信消费者信得过的单位，通过 ISO 9001、ISO 22000、HACCP、ISO 45001、ISO 14001 认证，获得国家绿色食品使用证书、有机食品认证，是出口认证企业和"同线同标同质"企业。北纬 47° 六水香大米获 2022 年黑龙江国际大米节金奖。

典范产品1 长粒香大米

典范产品2 稻香大米

黑龙江北纬四十七绿色有机食品有限公司

　　黑龙江北纬四十七绿色有机食品有限公司是一家集农产品培育、种植、养殖、生产、加工、销售为一体的农业产业化国家重点企业。公司主要生产和经营优质的鲜食玉米，通过国家 216 项农残检测、25 项理化及感官指标检测，均符合国家食品安全标准的规定。

典范产品1 黑糯玉米

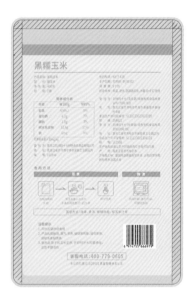 

典范产品2 黄糯玉米

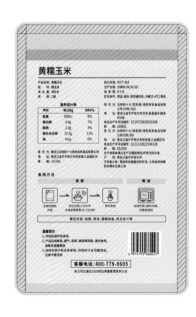 

佳木斯冬梅大豆食品有限公司

　　佳木斯冬梅大豆食品有限公司是一家生产豆粉、豆奶粉、豆浆粉的高新技术民营企业，是"龙江老字号"品牌企业，具有悠久历史。公司产品以黑龙江优质非转基因、绿色大豆为主要原料，采用"三脱"技术精制而成，现有30个产品被国家绿色食品发展中心认定为绿色食品。公司获得了全国绿色食品示范企业、国家级守合同重信用企业、黑龙江省农业产业化重点龙头企业、黑龙江省即食大豆营养粉工程技术研究中心等40多项荣誉称号。

典范产品1 **原味无渣豆浆粉**

典范产品2 **黑豆豆浆粉**

肇源县义顺乡土城子粮食种植专业合作社

　　肇源县义顺乡土城子粮食种植专业合作社下设肇源县敖菘米业有限公司1个、家庭农场8个、敖菘米业品鉴店10个，获评市级重点龙头企业、巾帼现代农业科技示范基地等。肇源县敖菘米业有限公司基地辐射12个乡，公司利用"互联网＋农业技术"实现种植基地、加工车间、仓储全程可视化，向大众展示种植、加工等真实的环节。

典范产品　小米

北安华升食品有限公司

北安华升食品有限公司拥有速冻食品加工、有机农产品种植和农产品冷链物流三大体系。产品已通过 ISO 9001、ISO 22000、HACCP 体系认证，共有 13 个品种获得绿色食品认证和有机认证，"华升大沾河"商标的知名度正在逐步提高。

典范产品1 速冻马铃薯

烹饪方法

1、烤箱：烤箱上下火230℃预热10-15分钟，无需解冻将薯块放于烤盘上烤至金黄。在此过程中，可将薯块翻转几次使其受热均匀。烤好后撒入黑胡椒即可食用。

2、煎锅：放入一小块黄油或食用油，将冷冻薯块煎至金黄配以番茄酱汁食用。

3、蔬菜沙拉：无需解冻，笼屉蒸10分钟左右，配合蔬菜、玉米粒等拌入沙拉酱食用。

注明：薯块入锅前无需解冻

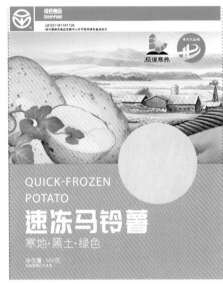

典范产品2 速冻南瓜块

食用方法：蛋黄焗南瓜
南瓜紫薯饼
南瓜红烧排骨
清蒸南瓜块
南瓜汤

南瓜丸：
南瓜300g，面粉
适量，糯米、糖适量。
1、南瓜自然解冻后，用机器打成南瓜泥。
2、南瓜泥打成糊状；
3、加入糯米饭、面粉；
4、添加糖拌匀后；
5、油烧开；
6、南瓜抓成球下入油锅；
7、油炸直至浮起来即可。

北大荒完达山乳业股份有限公司

　　北大荒完达山乳业股份有限公司是隶属于北大荒农垦集团有限公司的民族乳品企业。公司下辖20家分公司、子公司，可生产奶粉、液态奶、饮料、米麦制品及保健食品等，拥有菁采、元乳、诸葛小将、黑沃、东北仁、妍轻等明星产品。公司从原料采购到生产过程再到检验出厂，都层层把关，使产品抽检率60多年来一直为100%。

典范产品1 将军牧场脱脂奶粉

典范产品2 加锌奶粉

典范产品3 全家营养奶粉

北大荒亲民有机食品有限公司

　　北大荒亲民有机食品有限公司生产基地坐落于国家级有机食品生产基地黑龙江省红星农场，是黑龙江省农业产业化重点龙头企业、国家有机产品认证示范区、农业农村部第二批农业产业强镇建设单位。主要产品有有机酸菜、有机面粉、有机挂面、有机杂粮、有机豆酱和绿色产品 6 个系列 50 多个品种。公司已通过 ISO 9001、ISO 22000 和 HACCP 认证，是出口认证企业和"同线同标同质"企业。

典范产品1 **全麦粉**

典范产品2 **原味小麦粉**

九三食品股份有限公司

　　九三食品股份有限公司是北大荒集团旗下九三粮油工业集团有限公司的控股公司，是目前全球最大的非转基因大豆制品的加工工厂，也是国家级绿色工厂。公司拥有 50 万亩的绿色种植基地，绿色食品包含大豆、豆粕及 4 个品种的食用植物油，绿色食品九三清香大豆油荣获第二十一届中国绿色食品博览会金奖。

典范产品1 清香大豆油

典范产品2 浓香大豆油

黑龙江省三江昊米业有限公司

　　黑龙江省三江昊米业有限公司集农业科研、水稻种植、稻米加工、仓储销售、农业观光旅游于一体，是国家级重点龙头企业。公司引进了世界一流的日本佐竹水稻加工生产线，其产品被中国绿色食品发展中心认定为绿色食品，通过了华夏四大体系认证。

典范产品1 **超食味大米**

典范产品2 **秋田の米**

上海施泉葡萄专业合作社

上海施泉葡萄专业合作社主要品种有夏黑、醉金香、巨峰、金手指、阳光玫瑰、申华等。合作社对葡萄实行"一品一策"，已通过国家绿色认证。合作社成立上海市劳模创新工作室、全国农林水利气象系统示范性劳模和工匠人才创新工作室，获全国巾帼建功先进集体、上海创新文化优秀品牌、国家生态原产地保护产品、全国农民合作社示范社、全国科普惠农兴村先进单位等荣誉。在上海市及全国优质葡萄评比中，有 20 多次获得金奖，成为全国葡萄行业的领军单位。

典范产品 施泉葡萄

上海合庆火龙果产业股份有限公司

上海合庆火龙果产业股份有限公司创立了上海第一家逾千亩的"南果北种"热带果园，成立了上海市火龙果研究所，是集原料种植、健康特医食品生产、生物医学研究、都市生态旅游为一体的大健康产业集团。公司已申请 40 余项知识产权，获评全国科普教育基地、国家级生态农场、浦东新区政府质量奖、上海市高新技术企业、上海市"专精特新"中小企业、上海市农业产业化重点龙头企业、上海市专利试点单位等多项荣誉。

典范产品 合庆火龙果

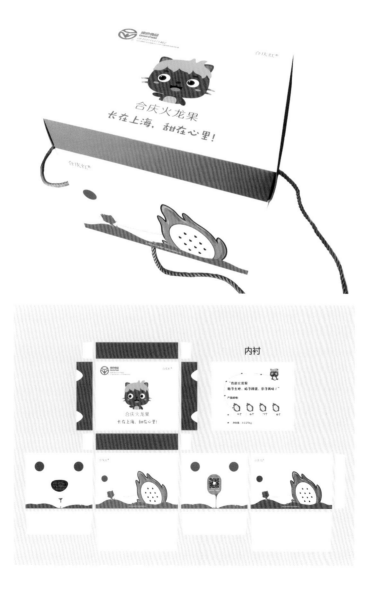

上海外冈粮食生产专业合作社

上海外冈粮食生产专业合作社是市级示范合作社，获评国家农民合作社示范社。合作社依托园区内泉泾商品猪场的有机肥料，实施种养结合，合作社种植嘉农粳 3 号、南粳 46 等优良品种，生产的稻米晶莹剔透，米饭软糯香甜，外冈品牌已具有一定的知名度。

典范产品 外冈大米

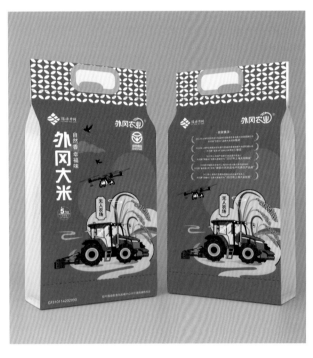
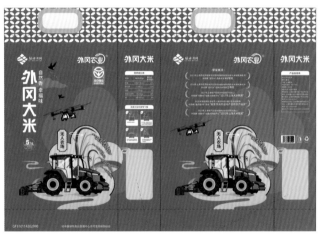

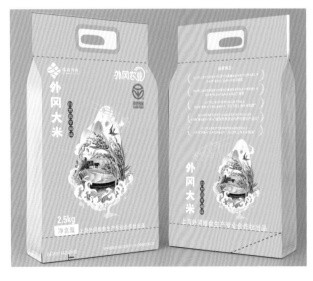
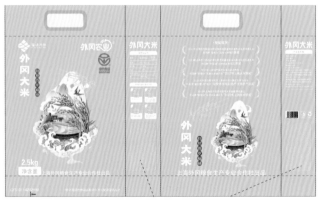

光明农业发展（集团）有限公司

　　光明农业发展（集团）有限公司是上海地区头部企业，是规模大、生产水平高、具有完整产业链的粮食生产经营企业，也是国内成功打造"从田头到餐桌"全产业链的集团公司。公司先后获国家农业产业化重点龙头企业、中国百佳粮油企业、中国十佳粮食性生长企业、中国十佳粮油集团等荣誉称号，并入选"国家级粮食应急保障企业"名单。光明谷锦品牌享有很高知名度和美誉度，先后获评中国十佳大米品牌、中国粮油最具影响力品牌、中国粮油领军品牌，并纳入上海市重点保护名录。光明谷锦系列产品先后获得上海好粮油、中国好粮、上海市包装大米畅销金品奖等荣誉。集团旗下产品实现全程质量可追溯，先后通过了绿色食品、有机产品认证，产品质量由安信农保实行保险。

典范产品1 崇明银香大米

典范产品2 晶润香大米

上海壮禾农机服务专业合作社

　　上海壮禾农机服务专业合作社是一家以谷物种植和农机服务为主的专业农民合作社，其自产的崇明壮禾香大米，是在无污染的条件下种植，施有机肥料，不用高毒性、高残留农药，在标准环境、生产技术、卫生条件下加工生产，经权威机构认定并使用专门标识的安全、优质、绿色、营养类大米，获准使用绿色食品标志。

典范产品 崇明壮禾香

上海润堡生态蔬果专业合作社

上海润堡生态蔬果专业合作社是以生态循环农业理念为宗旨，采用农业智能化网络管理系统进行管理的现代都市农业园。润堡牌绿色优质农产品主要有：绿色葡萄、水蜜桃、草莓、西甜瓜；生态优质大米；散放的草鸡、草鸭、鹅等特色农产品。

润堡牌葡萄在上海市优质葡萄评比中获多项奖项。2017 年润堡牌葡萄通过了绿色食品认证，在 2021 年度浦东新区第十三届农产品博览会中获评十大最受欢迎农产品。园区通过了 ISO 9001 体系认证，是上海市安全优质信得过果园、上海市水果标准园、上海市浦东新区安全优质农产品放心基地、浦东新区农产品绿色生产基地、浦东新区美丽田园示范园、浦东新区科普基地、浦东新区学生社会实践基地。

典范产品 葡萄

上海松昆农产品专业合作社

上海松昆农产品专业合作社主要耕种水稻优质早熟品种松早香1号、优质中晚熟品种松香粳1018。合作社承包的农田隶属于小昆山镇万亩粮田。作为松江区首个水稻大规模标准化生产示范区，这里土壤肥沃、河清气净，天然的环境优势，孕育着具有松江代表性的特色农产品。合作社所生产的优质松江大米和小昆山大米广受市民好评。

典范产品 小昆山大米

南京西三圩农业发展有限公司

　　南京西三圩农业发展有限公司在农作物种植中尝试生态种植、绿色生产，以有机肥料为主，减少农药的使用量，做到种地和养地相结合，农业生产与环境保护相协调，使农产品达到绿色标准。积极应用新品种、新技术、新农艺，科学化种植，集约化经营。

典范产品 西三贡米

南京桂花鸭（集团）有限公司

　　南京桂花鸭（集团）有限公司是中式禽类食品专业化公司，在行业内率先开展农业产业一体化经营，已获得国家级重点龙头企业称号，集团业务包括养殖、生产加工、物流配送和连锁经营等方面。企业推行卓越绩效管理模式，拥有国内最大的盐水鸭工业化生产加工基地，居于行业领先水平，已通过 HACCP、FSSC 22000 等认证。企业商誉良好，连续多年被评为 AAA 级纳税诚信企业，并以"振民族文化，兴百年桂花"为己任，立志打造植根于消费者心中的百年品牌。

典范产品　桂花鸭

营养成分表		
项目	每100克	营养素参考值%
能量	792千焦	9%
蛋白质	26.0克	43%
脂肪	9.0克	15%
碳水化合物	1.0克	0%
钠	1310毫克	66%

南京桂花鸭（集团）有限公司
住所：江苏省南京市江宁滨江经济技术开发区
　　　盛安大道718号
生产地址：江苏省南京市江宁滨江经济技术开发区
　　　　　盛安大道718号
生产许可证编号：SC10432011500931
产地：江苏 南京
http://www.guihuaya.com
客服电话：400 8610 118

Nanjing Sweet-scented Osmanthus Duck Group Co.,Ltd.
Address: No.718,Sheng'an Road,Binjiang economic and Technological Development Zone,Jiangning District, Nanjing, Jiangsu province.
Production Address: No.718,Sheng'an Road,Binjiang economic and Technological Development Zone,Jiangning District, Nanjing, Jiangsu province.
Production License No.: SC10432011500931
Origin:Jiangsu Nanjing
http://www.guihuaya.com
National Toll phone: 400 8610 118

本产品可追溯

绿色食品
GreenFood
GF320115071894

江苏诺亚方舟农业科技有限公司

　　江苏诺亚方舟农业科技有限公司从事苗种研发、标准化生态养殖、水产品加工、国内外销售、农业现代化管理理念和技术输出服务等业务。自主培育有国家河蟹新品种诺亚1号，建有博士后创新实践基地。产品包括大闸蟹、鲫鱼、罗氏沼虾等，管理规范，通过 GAP、HACCP 认证，新孟河大闸蟹通过绿色食品认证。获国家高新技术企业、国家生态农场、省企业标准领跑者等荣誉。

典范产品 **新孟河大闸蟹**

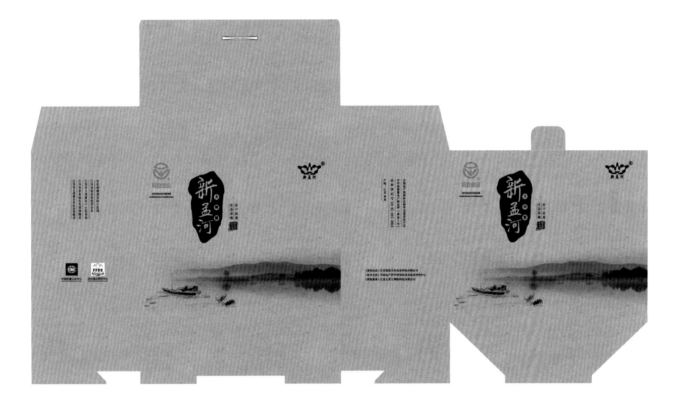

常州市蒋记食品有限公司

　　常州市蒋记食品有限公司是一家以加工、销售畜禽制品为主的农产品深加工省级龙头企业。公司旗下品牌蒋凤记多次获得名优农产品称号，拥有醉草鸡、盐水牛腱、五香牛肉、盐水鸭、五香肚片、上海醉鸡等 60 多个产品，其中 8 个产品获得绿色食品认证，蒋凤记品牌荣获第二十二届中国绿色食品博览会金奖。

典范产品1 五香牛肉

典范产品2 酱板鸭

常熟市阳澄湖特种水产有限公司

　　常熟市阳澄湖特种水产有限公司是一家从事大闸蟹特色水产养殖经营一体化的农业龙头企业，在阳澄湖湖区拥有绿色食品养殖基地 160 亩。公司旗下金爪王品牌被评为江苏省著名商标、绿色食品、苏州市名牌产品，公司被评为江苏省省级农产品质量安全追溯管理示范单位、江苏省放心消费创建先进单位。

典范产品 金爪王阳澄湖大闸蟹

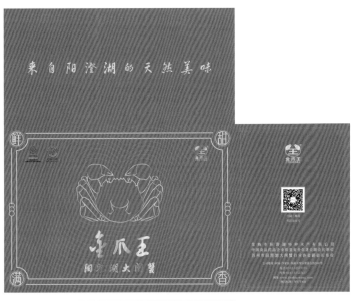

江苏金满穗农业发展有限公司

　　江苏金满穗农业发展有限公司是股份制省级农业龙头企业，拥有优质水稻绿色生产种植基地1.05万亩。建有集中育供秧中心、全自动粮食烘干线、高端大米加工线、智能真空包装线、低温保鲜库、标准化粮库、公共服务中心、培训中心、展销中心等，建设绿色生产基地、开发绿色农业科技、拓展绿色营销网络，形成了集绿色种植、烘干加工、智能储藏及连锁专卖于一体的绿色生产全产业链。

典范产品 东台大米

扬州市花仙子食品饮料有限公司

扬州市花仙子食品饮料有限公司坚持绿色发展理念，采用宝应特产莲藕为原料，打造千纤品牌莲藕汁、藕粉。获中国绿色食品发展中心绿色食品认证，先后获评第十五届中国国际农产品交易会金奖、江苏农业品牌，连续四年被选定为中国扬州烟花三月旅游节指定饮品。公司产品通过线上、线下销售渠道，凭借精美、规范、绿色、环保的包装，畅销全国各地，声誉良好。

典范产品1 莲藕汁饮料（精品）

典范产品2 莲藕汁饮料

江苏迷候小镇生态农业发展有限公司

江苏迷候小镇生态农业发展有限公司主要从事优质猕猴桃种植，注重产品质量，严把产品检测关，所产的迷候小镇牌红阳红心猕猴桃、亚特红心猕猴桃和金艳红心猕猴桃等系列猕猴桃产品酸甜可口、营养丰富，深受消费者喜爱。

典范产品 红阳红心猕猴桃

江苏天润本草生命科技有限公司

江苏天润本草生命科技有限公司位于江苏新北现代农业产业园，经过 10 年的发展，在当地农业农村局领导的关心下，在各级农业专家的指导和帮助下，在天润人不懈的奋斗下，公司种植了 400 亩阳光玫瑰葡萄，拥有近 3 000 平方米专业包装车间。公司始终坚持绿色农业的理念，坚持绿色种植，并于 2022 年获得国家绿色食品认证，向现代化、规模化、科学化的绿色农业产业迈进了坚实的一步。

典范产品 妙本葡萄

灌南五龙口生态农业有限公司

灌南五龙口生态农业有限公司经营范围为葡萄等果品种植和销售。基地位于连云港市灌南县新东村，总占地面积 200 亩，投资 1 200 万元，现已建有高标准果树大棚 218 个、观光大棚约 10 亩，主要种植阳光玫瑰葡萄、翠冠梨、樱桃等。

典范产品1 春容丽葡萄

典范产品2 再力葡萄

典范产品3 琼宇葡萄

江苏省云台农场有限公司

　　江苏省云台农场有限公司前身为江苏省云台农场，始建于 1952 年，位于连云港市，北依云台山国家森林公园，南接国家三级航道烧香河。生态优美、交通便捷，距离市中心仅 10 分钟车程。占地面积 3.8 万亩，其中耕地 1.8 万亩，常住人口 5 000 余人。2018 年，农场完成公司制改革，社会职能由江苏省农垦云台农场社区管理委员会承担，现有 4 个全资子公司、2 个参股企业。经过 70 年的发展，公司形成了以现代农业、房地产、生态旅游、服务业为主体的产业格局。

典范产品1 云台葡萄

典范产品2 云台桑果

江苏嘉悦农业科技有限公司

　　江苏嘉悦农业科技有限公司种植品种主要以引进国外高品质砂梨为主，依托扬州大学教授指导的专业研究团队，专注于梨新品种、新技术以及有机种植与有机养殖生态链的研究，在实现种植养殖高质量和高效益的同时，实现了生态环境的优化，创建了生态型科技农业道路。

　　公司砂梨通过绿色食品认证，并成功注册嘉悦晟商标。公司先后获得扬州市农业产业化龙头企业、仪征市"创牌立信"AA级示范单位、优秀农业新型经营主体、扬州市"十佳果品"、江苏省园艺作物标准园、江苏省休闲旅游农业精品企业、农业农村部生态农场等称号。公司在运行机制方面采用"公司 + 基地 + 农户"的运作模式，带动当地农民共同致富。

典范产品 砂梨

绿雅（江苏）食用菌有限公司

　　绿雅（江苏）食用菌有限公司系江苏绿雅现代农业科技股份有限公司全资子公司，投资兴建于2010年6月，注册资本约1.2亿元、总投资1.8亿元，占地258亩，位于宿迁市沭阳县北丁集张胡圩村。公司主要从事杏鲍菇的工厂化栽培，主要产品为杏鲍菇，其被认定为绿色食品。

典范产品 杏鲍菇（鲜）

斯味特果业有限公司

　　斯味特果业有限公司是一家整合全球顶级水果资源的国际性公司，已经建成 7 000 余亩国际标准的现代化苹果产业园。公司配套建设国际交流研发中心、数字农业控制中心、气调保鲜库、分拣包装物流园、水果深加工产业园，实现鲜果销售和水果深加工两个全产业链条。

典范产品1 **富布瑞斯苹果**

典范产品2 **阿森泰克苹果**

浙江香海食品股份有限公司

浙江香海食品股份有限公司荣获出口食品卫生注册、美国 FDA 卫生注册，拥有自营进出口经营权，始终专注于健康海洋食品的科技研发、创新和发展，是一家坚持绿色、健康、可持续发展的海洋食品生产服务型企业、国家高新技术企业、全国农产品加工示范企业、省级骨干农业龙头企业、省农业科技企业、温州预制菜十强企业。公司于 2016 年 11 月获准在"新三板"挂牌上市，正式登陆资本市场。

公司旗下有香海、奥和、聚香谷等品牌，拥有多项专利，获中国绿色食品、浙江名牌产品等数十项荣誉称号。公司始终坚持"科技创新、诚信为本、质量立企、品牌兴业"的经营宗旨，建立健全了食品质量安全控制体系，获得 ISO 22000、HACCP、绿色食品认证。

典范产品1 野生鲳鱼（冷冻）

典范产品2 野生黄鱼（冷冻）

嘉兴八福生态农业开发有限公司

　　嘉兴八福生态农业开发有限公司主要从事绿色果蔬生产、水产养殖及旅游观光服务。公司以生态循环农业为核心理念，所有生产用地的土壤和农业浇灌用水均经过严格的质量检测，符合国家绿色食品生产标准。公司秉承"资源—产品—再生资源—产品—再生资源"的"多项多环式"与"多项循环式"相结合的模式，坚持零残留、零排放的原则，生产优质农产品。

典范产品 瑶池葡萄

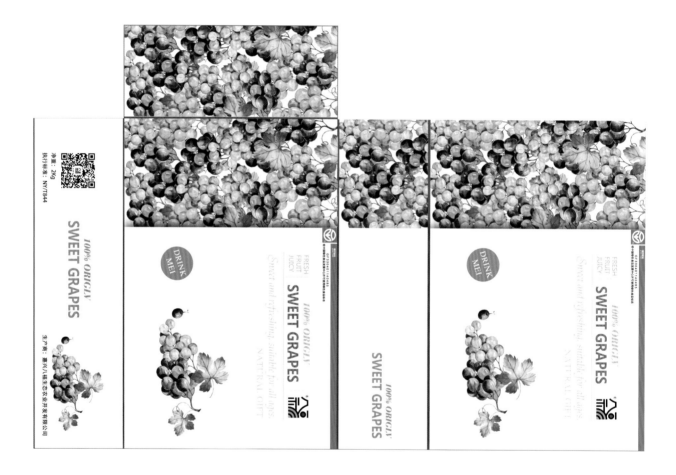

兰溪奉源食品科技有限公司

　　兰溪奉源食品科技有限公司坐落在享有"中国杨梅之乡"和"六月杨梅占首枝"美誉的浙江省兰溪市马涧镇。公司创立于 2019 年 1 月，注册资金 500 万元，占地面积 10 000 多平方米，拥有杨梅基地（国际杨梅研究中心）近 400 亩，其中设施栽培 150 亩。截至目前，公司已投入约 4 000 万元，基地投入约 6 000 万元，品牌建设投入约 3 000 万元，共计约 1.3 亿元。

典范产品　冰鲜杨梅汁饮品

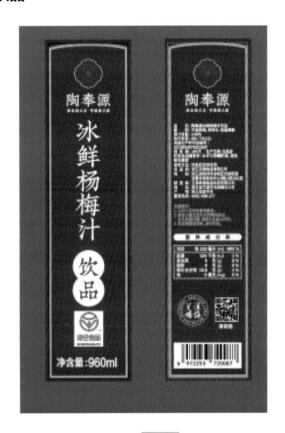

浙江绿海制盐有限责任公司

　　浙江绿海制盐有限责任公司是全省最大的日晒自然盐龙头企业和高端盐生产企业，是国家食盐定点生产企业之一，也是浙江省仅有的传统浙盐生产加工企业和纯天然绿色海盐生产企业。公司注册资本 5 000 万元，占地面积 82 亩，建有现代化晒盐基地 150 亩。公司拥有国内先进的现代化食盐小包装全自动生产线 2 条，并建有仓储、配送中心和研发中心，产品已通过 ISO 9001、ISO 22000 和 ISO 14001 认证。

　　公司的雪涛、鲜嫩美、蓬莱仙晶牌日晒自然盐、低钠日晒盐、营养日晒盐、观音素盐被认定为绿色食品，许可使用绿色食品标志。

典范产品 日晒自然盐

淳安千岛湖双英家庭农场有限公司

　　淳安千岛湖双英家庭农场有限公司种植基地位于美丽的千岛湖镇汪家村，设施栽培红心猕猴桃、日本晴王葡萄、妮娜皇后葡萄、红美人柑橘、"空中草莓"及黄金蜜桃等优良品种。公司秉承科学管理、品质至上的经营理念，积极推广生态、环保、绿色、健康生产模式。拥有自主品牌胤果，2021年通过绿色食品认证。基地先后获浙江省示范家庭农场、浙江省百家案例、杭州市绿色品质综合示范、淳安县十佳示范性家庭农场等荣誉。

典范产品1　猕猴桃

典范产品2　葡萄

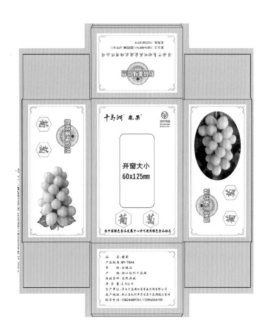

安徽金种子酒业股份有限公司

安徽金种子酒业股份有限公司成立于 1998 年 7 月，是安徽金种子集团有限公司的控股子公司，其前身是始建于 1949 年 7 月的国营阜阳县酒厂，是新中国首批酿酒企业，也是全国酿酒行业骨干企业，下辖 10 家分（子）公司，主要经营白酒、生化制药等产业。金种子品牌价值达 167.4 亿元。拥有省级博士后工作站、省级技能大师工作室、省级工业设计中心等十大科研平台。荣获全国绿色食品示范企业等荣誉。

典范产品1 **40% vol 种子酒（柔和）（浓香型白酒）**

典范产品2 **40% vol 醉三秋酒（地蕴）（浓香型白酒）**

安徽联河股份有限公司

    安徽联河股份有限公司是一家农业产业化国家重点龙头企业、国家高新技术企业、全国大米加工 50 强企业、全国绿色食品示范企业、国家级绿色工厂、全国首批放心粮油示范企业、国家粮食应急保障企业、全国"万企帮万村"先进民营企业，联河商标为中国驰名商标。

典范产品1 米满意粳米

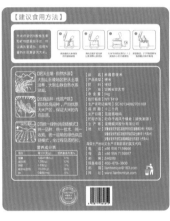

典范产品2 喜洋洋纯正米

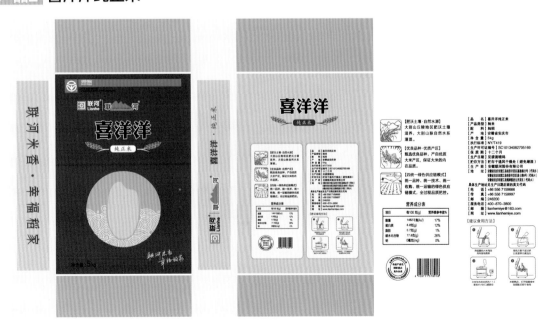

安徽鹏翔生态农业集团有限公司

安徽鹏翔生态农业集团有限公司是一家种养结合、生态旅游休闲和餐饮服务一二三产融合发展的现代农业企业。公司一直秉承着"绿色发展，质量为先"发展理念，始终把保证农产品质量安全作为企业发展的头等大事。草莓、水果黄瓜、圣女果、桃、葡萄、火龙果获绿色食品认证，红鸢翔牌红颜草莓获六安名牌产品称号。公司先后获得安徽省农业产业化龙头企业、林业产业化龙头企业等荣誉称号。

典范产品 水果黄瓜

绿色食品
GreenFood
GF341523162153
经中国绿色食品发展中心许可使用绿色食品标志

产品介绍

水果黄瓜长12-15厘米，直径约3厘米，而且口味甘甜，主要用来生食，少刺瘤，棒型直且短，果肉厚、皮薄、籽少、味清香，颜色有绿色和浅绿色。
食用方法：生食、凉拌、榨汁
保质期：常温5日，冷藏10日
生产日期：见正面日期标示
储存方法：常温（阴凉处）、冷藏
执行标准：NY/T 747
净重：1000克
地址：安徽省舒城县千人桥镇
　　　安徽鹏翔生态园
公司网址：http://www.ahpxst.com
电话：0564-8563666

安徽鹏翔生态农业集团有限公司

安徽省宝天农贸有限公司

　　安徽省宝天农贸有限公司是一家集种植、生产、收购、销售为一体的综合性绿色农产品深加工和贸易企业，公司致力于绿色菜籽油、芝麻油的加工和销售，产品通过传统小榨工艺结合现代机械物理压榨技术，在最大限度保留了原有的营养物质基础上更传承了菜籽油、芝麻油加工工艺和原味原香。2016 年被评为安庆市农业产业化龙头企业。

典范产品 胡天寶菜籽油

安徽省凤阳县御膳油脂有限公司

安徽省凤阳县御膳油脂有限公司是一家有数十年历史的芝麻油专业生产企业，前身是原凤阳县麻油厂，1997年率先在全县改制为股份合作制企业，2000年改用现名。公司注册资本414万元，占地8 000多平方米，现有员工60人，主产品御膳牌纯芝麻油畅销江浙沪皖数省市和地区，是一家专业生产芝麻油的安徽老字号企业。作为一家食品生产企业，食品安全责任大如天，公司严格依照法律、法规和食品安全标准从事生产经营活动，保证食品安全，接受社会监督，承担社会责任。

典范产品 御膳纯芝麻油（压榨二级）

安徽省青草湖酒业有限公司

安徽省青草湖酒业有限公司隶属安徽农垦集团，原料种植面积1.2万亩，总资产1.35亿，拥有两家分厂，占地265亩，属于绿色食品种植及生产型企业、省级农业产业化龙头企业、全国黄酒业绿色食品生产企业，产品为中国农垦优选产品，出口到美国、德国、加拿大、马来西亚、泰国、日本等国家。

典范产品 花雕酒（酒精度≥10%vol）

安徽天兆石榴开发有限公司

　　安徽天兆石榴开发有限公司是一家以产、学、研协同创新为路径，农业、科技、文旅一二三产深度融合发展的现代化农业科技企业。公司紧随中国现代农业的发展趋势，依托怀远石榴产业基地，致力于石榴产业的提升，着力打造怀远石榴品牌，传承弘扬石榴文化。安徽天兆石榴基地位于风景秀丽、交通便捷的兰桥镇茨淮新河堤坝。天兆石榴种植基地采用标准化种植、规范化管理，目前已建成标准化石榴示范基地 5 000 亩，以怀远有名的白花玉石籽、红花玉石籽和红玛瑙石榴 3 个优良品种为主。

典范产品 怀远石榴

安徽鲜来鲜得生态农业有限公司

安徽鲜来鲜得生态农业有限公司是一家以生态葡萄种植、科研、销售为主导的综合性农业产业化龙头企业。公司于 2011 年在合肥市包河区大圩镇流转土地 255 亩。现已建成 150 亩现代化的绿色葡萄标准化生产示范基地，公司秉承"绿色、生态、安全、优质"理念，致力于成为全国一流的集生态农产品种植销售、农业观光游、农业科普示范推广为一体的现代农业企业。

典范产品 **鲜葡萄**

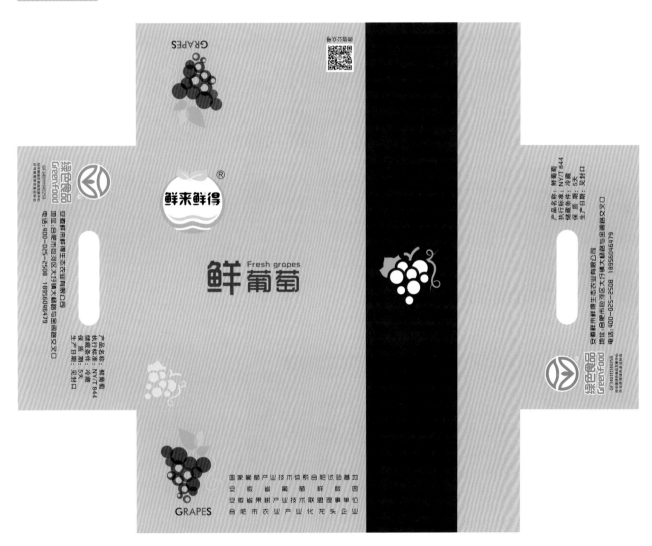

安徽雁湖面粉有限公司

安徽雁湖面粉有限公司位于国家农村综合性改革试验区——安徽省龙亢农场，处于淮北平原优质小麦区域带，是以加工面粉、挂面为主，兼营粮食收储、贸易的省级农业产业化龙头企业。

典范产品1 雪雁高筋挂面

典范产品2 雪雁龙须挂面

亳州市绿能食品有限公司

亳州市绿能食品有限公司2017年获绿色食品认证，同年又荣获市级非物质文化遗产荣誉称号，2018年获评世界药膳文化节及中国（亳州）药膳大赛指定用品单位，2018—2023年获评亳州市谯城区消费者权益放心消费创建活动示范单位，2020年被亳州市谯城区政府认定为13家扶贫企业之一，2021年被评为3.15质量服务诚信承诺示范单位。2021年通过ISO 9001认证，2021年绿能商标被认定为安徽老字号，2022年绿能粉皮制作技艺被认定为安徽省非物质文化遗产。

典范产品 绿能粉皮

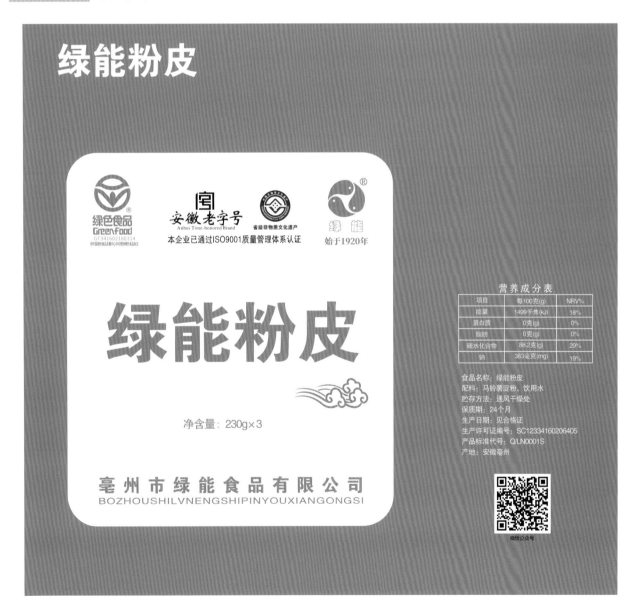

六安市百果园种养殖专业合作社

六安市百果园种养殖专业合作社经营总面积 1 016 亩，其中主导产业葡萄丰产示范基地 418 亩，樱桃、猕猴桃、梨、桃、杏、核桃、板栗等 169 亩，林业绿化苗圃地 145 亩，一个小型水库从事水产养殖和生态垂钓休闲水面 193 亩，其他用地 91 亩。合作社基础设施较为完善，现有仓储、冷库、生产用房、生产工具用房等，共计达 2 500 多平方米。

典范产品 葡萄

岳西县林兰名茶厂

　　岳西县林兰名茶厂专业从事茶业生产38年，是国内少数集茶叶生产和茶机研制于一体的科技型茶叶生产企业。1996年起，茶园管理全施有机肥，全人工除草，从鲜叶源头杜绝化学品污染。产品农残检测为零，重金属含量远低于国家有机茶标准。茶厂获评岳西县首批绿色食品认证企业、安徽省省级生态农场，产品进入国家和省级农产品质量安全追溯平台。

典范产品1 岳西翠兰（绿茶）

典范产品2 长岭兰芽（绿茶）

福州大世界橄榄有限公司

　　福州大世界橄榄有限公司是一家集种植、研发、生产加工、销售于一体的省级农业产业化重点龙头企业。主营凉果蜜饯、果汁饮料、糖果及其他天然果蔬食品。

　　公司橄榄汁饮料和蜜饯通过了中国绿色食品认证，橄榄汁饮料连续三年荣获中国绿色食品博览会金奖。产品都通过 ISO 9001、HACCP、ISO 14000 认证，确保产品质量安全。公司技术中心是国家亚热带水果加工专业分中心，荣获 30 多项专利技术和 10 多项省、市科技进步奖。

典范产品1 橄榄汁饮料

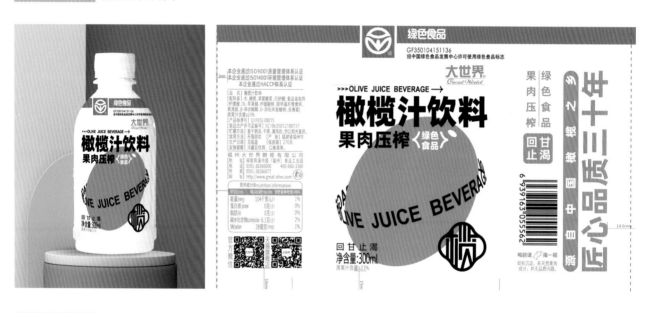

典范产品2 橄榄汁饮料（无糖）

蛤老大（福建）食品有限公司

　　蛤老大（福建）食品有限公司位于妈祖故里、"中国花蛤之乡"——福建省莆田市，专业从事海鲜调味品生产和销售、海产品以及海洋休闲食品与海洋功能保健品的研发、生产与销售。公司系国家高新技术企业、福建省农业产业化重点龙头企业、福建省科技"小巨人"企业。2020年蛤晶荣获第21届中国绿色食品博览会金奖，中餐科技进步奖一等奖。

典范产品 蛤晶

顺昌县福灯天草种植基地

　　顺昌县福灯天草种植基地位于福建省顺昌县西北部，四周生态森林笼罩。空气湿润、阳光充足、日照时间长、早晚温差大，环境优越。遵循有害生物防治原则，尽量利用物理与生物措施，必要时合理使用低风险农药，以保证安全生产。基地 2018 年注册福灯天草商标，同年通过中国绿色食品发展中心认证，2019 年第十二届中国绿色食品博览会金奖。基地柑橘园总面积 300 余亩，始终坚持以生物防治病虫害为大原则，以低风险药为辅助，生产绿色健康的安全食材。

典范产品　福灯天草橙

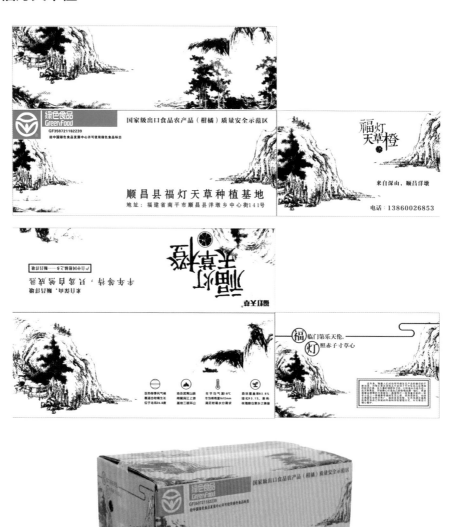

福建省兴辉食品有限公司

　　福建省兴辉食品有限公司是集基地培育、研发生产、销售服务、专业化从事绿色食品加工的农业产业化典范企业。公司注册资本 1 000 万元，厂区占地 2.3 万平方米，标准厂房 6 500 平方米，办公、宿舍、仓库 13 600 余平方米，现有纯净水、玻璃瓶饮料、易拉罐饮料等生产线。产品主要有山雪牌中华猕猴桃汁饮料系列产品等。

典范产品 中华猕猴桃汁饮料

64

龙海市紫泥绿丰家庭农场

龙海市紫泥绿丰家庭农场主要种植芭乐、小番茄等果蔬，注重品牌的打造与推广，注册卡好吃、紫泥番茄、紫泥芭乐等 6 个商标及拥有 2 个外箱设计专利。在种植过程中严格遵循农产品质量安全体系，执行一品一码可追溯管理制度，取得了福建省百佳示范家庭农场等称号。农场产品芭乐成功入选为"金砖国家领导人（厦门）会晤食材"。珍珠芭乐、樱桃小番茄被中国绿色食品中心认定为绿色食品。

典范产品1 樱桃小番茄

典范产品2 珍珠芭乐（番石榴）

漳州市绿港园生态农业有限公司

　　漳州市绿港园生态农业有限公司的绿港园生态农场根据资源特性，以亲子农业科普教育为中心，将舌尖上的体验、生产过程的体验、环境的体验相结合，打造集绿色农产品生产销售、农业科普教育、绿色生态餐饮、绿色果蔬采摘、亲子农耕、研学实践教育、温泉度假等项目于一体的生态休闲农业观光园。

典范产品 莲雾

福鼎市太姥山质心茶业有限公司

　　福鼎市太姥山质心茶业有限公司是一家集研发、生产、销售于一体的福鼎白茶制作供应商。厂房与茶园均位于中国白茶祖地太姥山核心产茶村落。公司已建成清洁化白茶生产车间 1 200 平方米，标准化白茶仓储中心 500 平方米，有机茶园认证 150 亩，中国绿色食品认证茶园 700 亩。公司通过 ISO 9001 认证，是福鼎市农业产业化市级龙头企业、宁德市市场监督管理局 2020—2021 年度重信用守合同企业。

典范产品1 白牡丹

典范产品2 白毫银针

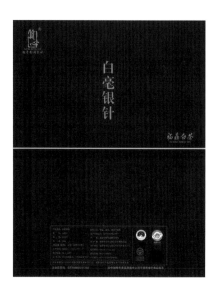

福建省祥云生物科技发展有限公司

　　福建省祥云生物科技发展有限公司是一家专业银耳工厂化生产、加工、销售及研发的高科技企业。祥云银耳生产过程无农残，车间内水质净化、空气净化、高温灭菌、绿色循环、节能控制、数字智能，拥有9项发明专利、六大先进技术，为消费者提供富含营养、口感滑嫩、食药兼用的祥云干、鲜银耳系列产品。

典范产品1 鲜银耳

典范产品2 银耳

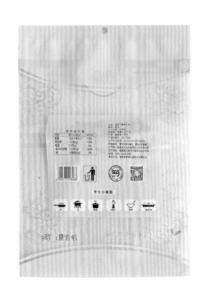

江西万载千年食品有限公司

　　江西万载千年食品有限公司是农业产业化经营省市县龙头企业、全国食品工业优秀龙头食品企业、全国农产品加工创业基地。公司主要生产以南酸枣糕为代表的果蔬蜜饯类系列产品、以百合粉为代表的百合制品系列产品、以葛粉为代表的保健系列产品、以桃酥为代表的天然谷物系列产品、以富硒笋干为代表的笋系列产品 5 个系列 50 多个品种。

典范产品1 南酸枣糕

典范产品2 万载百合粉

瑞昌市溢香农产品有限公司

瑞昌市溢香农产品有限公司是一家以蛋制品加工为主营业务的农业产业化国家重点龙头企业，公司主导产品有熟咸鸭蛋、松花鸭皮蛋、馅料烘焙、紫薯粉系列四大系列100多种规格。公司先后获评国家高新技术企业、全国绿色食品示范企业、中国最美绿色食品企业。主营产品咸鸭蛋、松花皮蛋获中国绿色食品认证。

典范产品1 溢流香熟咸鸭蛋

典范产品2 溢流香松花鸭皮蛋

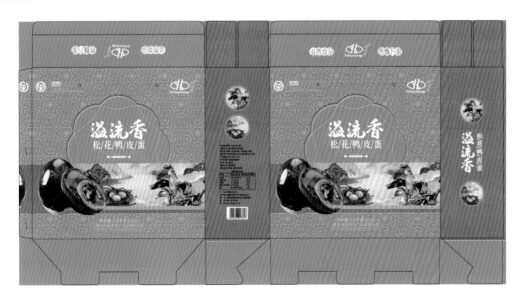

长寿花食品股份有限公司

　　长寿花食品股份有限公司是中国第一家专业研发、生产和销售玉米油的企业，填补了国内玉米油生产的空白，成功塑造了中国玉米油领导品牌，成长为中国高端粮油的标杆企业。公司具备年加工玉米胚芽 120 万吨，年产精炼玉米油 45 万吨，年产小包装产品 45 万吨的生产能力。形成了以玉米油为核心，稻米油、橄榄油、花生油、葵花籽油等多品类协同发展的油脂产业布局，构建了以食用油、调味品、粮食产品为主的绿色健康厨房产品体系。

典范产品1 金胚玉米油（压榨一级）

典范产品2 玉米油（压榨一级）

山东永明粮油食品集团有限公司

　　山东永明粮油食品集团有限公司从事面粉精深加工30余年，集团公司位于国家优质小麦生产基地山东曹县，地理位置优越，是集优质良种选育、订单种植、收储、加工、销售、物流于一体的大型集团。

典范产品1 雪花粉（小麦粉）

典范产品2 特精粉（小麦粉）

山东龙山郡生态农业发展有限公司

　　山东龙山郡生态农业发展有限公司主要从事农业技术开发、种子繁育、成立育种示范推广基地、提供技术咨询、农产品与食品加工等。与中国农业科学院、山东省农业科学院、山东农村专业技术协会、山东省农业广播电视学校等单位多方合作，拥有一支高学历、高素质的研发团队，成立中国龙山小米科学研究院，为小米品质提升和产业振兴提供了强有力的科技支撑。公司目前已注册龙之草商标专属品牌，已取得绿色食品认证。

典范产品 龙山小米

山东南四湖食品有限公司

山东南四湖食品有限公司是一个以微山湖特产禽、蛋制品、鱼制品、杂粮系列产品生产加工为主的山东省农业产业化龙头企业。企业现有员工180名，其中研发、技术人员30名，主要产品有南四湖牌松花蛋、熟咸鸭蛋、五香麻鸭、五香糟鱼、蟹黄酱及湖珍杂粮等40余个品种。

典范产品1 熟咸鸭蛋

典范产品2 松花蛋（鸭蛋）

山东和兴面粉有限公司

山东和兴面粉有限公司以亿福牌面粉，以及每香、国鲁牌挂面和每香牌面琪为主导产品，是集研发、生产、销售、进出口贸易于一体的股份制民营企业。公司现有制粉生产线 2 条、挂面生产线 4 条、面琪生产线 1 条，生产规模为日处理小麦 1 000 吨，日产挂面 150 吨、日产面琪 30 吨。产品畅销东北三省以及内蒙古、京津、山西、陕西、陇西、重庆、贵阳等市场。

典范产品 挂面

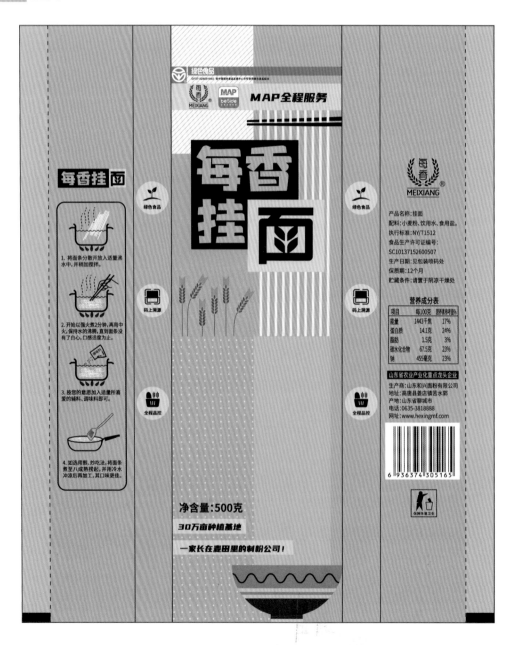

山东百慧乳业股份有限公司

山东百慧乳业股份有限公司主要从事奶牛养殖和乳制品生产，通过了 ISO 9001、ISO 22000、GMP、HACCP 认证。被列为省级农业产业化重点龙头企业、省级专精特新企业，公司拥有省级企业技术中心、日照市工程实验室研发平台，与中国农业大学等多家院校进行校企联合，致力于新产品的研发。2007 年纯牛奶灭菌乳被认定为绿色食品，2020 年公司被评为全国最美绿色食品生产企业。

典范产品 纯牛奶（全脂灭菌乳）

安丘市汇海果蔬种植专业合作社

　　安丘市汇海果蔬种植专业合作社是山东省省级示范合作社，目前种植果蔬 10 多个品类，自有及合同种植面积 3 000 亩，辐射基地周边 15 个村庄，年销售收入 900 余万元。合作社严格按照习近平总书记提出的食品安全"四个最严"要求和"实施食品安全战略，让人民吃得放心"的战略部署，依托安丘市农产品质量安全大数据监管，坚持全品种检测，承诺达标合格证跟进，为产出入市的农产品贴上质量安全"身份证"，推动了农产品质量安全追溯体系建设。

典范产品 大葱

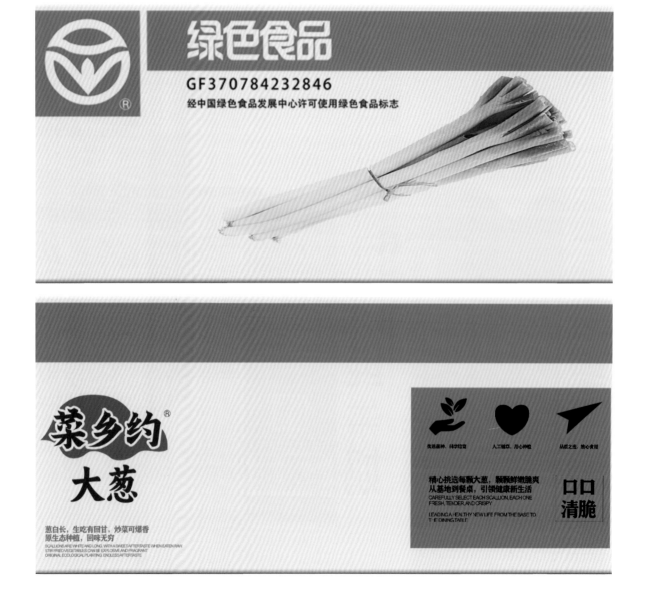

青岛有田农业发展有限公司

　　青岛有田农业发展有限公司是山东省实施乡村振兴战略规划省级联系点、青岛市农业产业化龙头企业。公司厂区位于青岛莱西市店埠镇，占地 180 余亩，拥有加工车间 10 000 多平方米，有容量达 10 000 吨的冷库、4.5 万平方米的高标准现代化玻璃温室种苗繁育中心和万亩果蔬生产基地。公司绿色食品店埠胡萝卜种植基地 380 亩，基地胡萝卜严格按照绿色食品的要求进行种植管理。公司种植出产的店埠胡萝卜自 2011 年起获绿色食品认证，深受国内外消费者青睐。

典范产品　**店埠胡萝卜**

焦作市云台山农业科技有限公司

　　焦作市云台山农业科技有限公司是焦作市集"四大怀药"种植加工产业于一体的龙头公司，获首批国家级星创天地、国家农业科技园区优秀示范企业、农业部创业创新基地、国家绿色食品（菊花茶）一二三产业融合发展园区、河南省优秀星创天地、河南省农业产业化重点龙头企业、河南农业科普示范园等国家和省级荣誉资质。公司获得绿色食品产品证书5个，形成了一整套标准的"绿色机制"，从种植、加工到销售都严格按照国家绿色食品标准运行。

　　公司产品获河南省我最喜爱的绿色食品奖、中国绿色食品博览会金奖、上海优质农产品金奖、中国绿色食品博览会金奖等一系列荣誉。

典范产品1 蒲公英茶

典范产品2 云台冰菊

商丘市睢阳区穗穗平安葡萄种植农民专业合作社

　　商丘市睢阳区穗穗平安葡萄种植农民专业合作社葡萄种植基地地势平坦、土地肥沃、日光充足，自然环境优良，非常适合葡萄种植，种植葡萄历史达 20 年之久。豫商鑫珠庄园葡萄获评河南省知名农产品品牌，被中国绿色食品发展中心认证为绿色食品。2021 年被河南省绿色食品发展中心评为三品一标示范基地。

典范产品　**葡萄**

温县怀明堂药业有限公司

温县怀明堂药业有限公司集"四大怀药"的培育、种植、研发、深加工、销售于一体，是以"四大怀药"为原料，既能生产食品，又能生产药品，拥有食品和药品资质的双认证全产业链企业。从铁棍山药原产基地到加工山药片、山药粉以及销售都严格按照国家绿色食品标准运行，持续稳定地为消费者提供安全、放心的绿色山药系列产品。公司拥有自主品牌怀明堂。对全国各品牌提供 OEM 代加工服务。公司于 2023 年通过绿色食品认证，现获得绿色食品产品证书 3 个：铁棍山药、铁棍山药片、铁棍山药粉。

典范产品1 铁棍山药

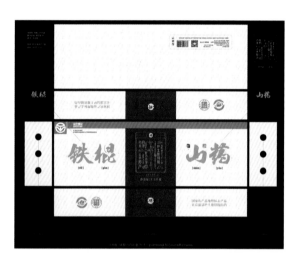

典范产品2 铁棍山药片

典范产品3 铁棍山药粉

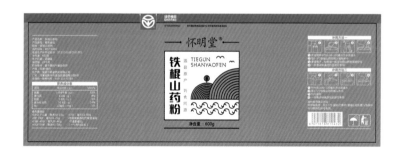

湖北省九宫山茶业有限公司

　　湖北省九宫山茶业有限公司是一家专业生产销售茶产品的农业产业化国家重点龙头企业，与中国农业科学院茶叶研究所、湖北省预防医学科学院、湖北省疾病控制中心等部门联合成立了开发和利用九宫山野甜茶的生产研发示范基地。

　　公司生产销售的九宫山茶产品，包含九宫山牌绿茶、九宫红茶、九宫云雾茶等十多个系列茶产品都有很高的知名度和信誉度。公司产品销往包括香港、台湾地区等在内的全国近 23 个省区市，并经部分经销商转移出口到欧美和日本、韩国等市场。

典范产品1 **九宫山茶（绿茶）**

典范产品2 **九宫红茶**

梅州市稻丰实业有限公司

梅州市稻丰实业有限公司是一家集水稻种植、粮食烘干、农机社会化服务、收储、加工、销售、物流配送于一体的全产业链综合发展农业产业化国家重点龙头企业。

现有厂区占地面积 15 万平方米，总资产 5 亿元，建有 13 万吨高标准粮食储备仓库，年处理稻谷能力达 30 万吨，年加工大米能力达 20 万吨，年粮食物流服务吞吐量达 30 万吨以上，日烘干稻谷能力达 420 吨，拥有农业机械化作业团队。

典范产品 客家丝苗米

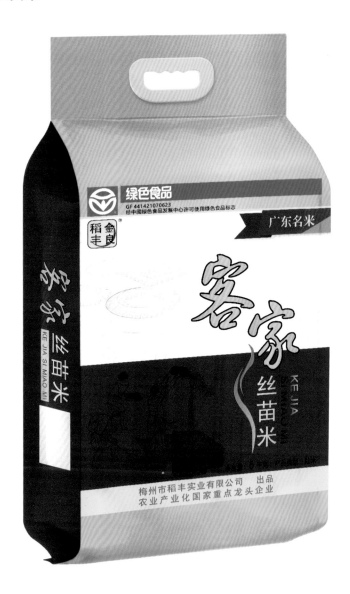

广东宝桑园健康食品有限公司

　　广东宝桑园健康食品有限公司是一家专注于蚕桑资源综合开发领域，集科研、生产、销售于一体的综合性高新技术企业，以广东省农业科学院蚕业与农产品加工研究所为技术依托，专注于蚕桑研究 60 余年。公司获广东省重点农业龙头企业、广东省高新技术企业、ISO 22000 食品安全管理体系认证企业、广东省"专精特新"中小企业等荣誉与认证称号，年产值达 1 亿元，其中宝桑园100% 桑果汁、桑果汁饮料均荣获中国绿色食品认证。

典范产品1 **100%桑果汁**

典范产品2 **桑果汁饮料**

广东霸王花食品有限公司

　　广东霸王花食品有限公司是华南地区乃至全国历史最悠久、规模和品牌价值较高的专业米粉生产企业之一。公司现拥有多项发明专利并获得了地理标志保护产品、绿色食品认证。从创立至今，公司始终坚持"不使用任何添加剂，生产绿色健康食品"的承诺，先后获得中国驰名商标、全国光彩事业重点项目、全国守合同重信用企业、全国乡镇企业质量工作先进单位、连续十六年守合同重信用企业、广东省优秀企业等多项荣誉。

典范产品1 淮山米粉

典范产品2 河源米粉

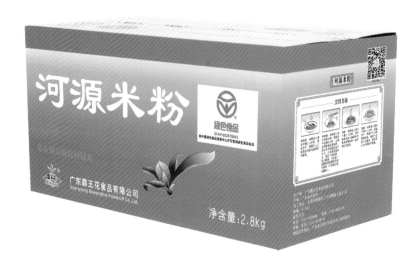

广西糖业集团金光制糖有限公司

广西糖业集团金光制糖有限公司是国有大型制糖企业集团——广西糖业集团有限公司的全资子公司。公司坐落于南宁市西乡塘区金光农场内，占地面积662亩，注册资本2 062.3万元，现有员工330多人，其中各类专业人员40多人。现日处理甘蔗量达到8 000吨，年生产机制糖可达10万吨，其中白砂糖8.5万吨。主要产品三冠牌白砂糖于2004年首次通过绿色食品认证，并连续成功续展。多年来，公司绿色食品标志使用符合规范，没有超出使用范围。

典范产品 白砂糖

广西贺州西麦生物食品有限公司

　　广西贺州西麦生物食品有限公司是以燕麦产品的研发、生产、经营为主导产业的健康食品公司。公司建立了完善的质量管理和食品安全管理体系，获得 ISO 22000 认证、中国有机产品认证、欧美有机双认证、绿色食品认证、健康食品认证，为创建健康食品一流企业奠定了坚实的基础。

典范产品1 燕麦片（即食）

典范产品2 燕麦片（快熟）

 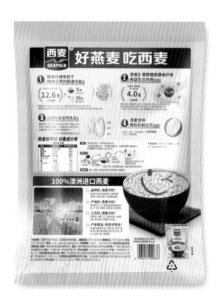

广西博宣食品有限公司

　　广西博宣食品有限公司秉承对股东、员工和社会负责的经营理念与"产品质量至上，保证食品安全，满足客户要求和追求持续改进"的管理方针，加强质量和食品安全管理，获得 ISO 9001 和 ISO 22000 认证，并推行卓越绩效管理模式，于 2002 年 9 月获得中国绿色食品发展中心颁发的绿色食品认证。公司产品仙蜜牌白砂糖连续多年被国家糖业质量检验检测中心评为质量优秀奖，产品质量获得广大客户的一致好评。

典范产品 白砂糖

重庆派森百橙汁有限公司

重庆派森百橙汁有限公司是农业产业化国家重点龙头企业、国家级农业综合开发龙头企业、国家级扶贫龙头企业。公司专注柑橘产业 20 多年，建立了"从一粒种子到一杯橙汁"的全产业链，建成有特色的绿色生态技术是种养循环系统。是全国绿色食品（柑橘）一二三产业融合发展园区，产品通过绿色食品认证，获评重庆名牌农产品、重庆市优质扶贫农产品。

典范产品 NFC®鲜榨橙汁

重庆市富坡种植股份合作社

重庆市富坡种植股份合作社是重庆市级示范社，专业从事鲜食葛根富葛的种植，产品自2016年首次获得绿色食品认证一直保持至今，自有种植基地650亩，是重庆市农业标准化示范区。产品获得重庆市名牌农产品认证，先后获得中国绿色食品博览会金奖、中国国际农产品博览会最受欢迎农产品奖等奖项，代生产产品入选全国特质农品名录。

典范产品 **葛根**

重庆留云小筑家庭农场

重庆留云小筑家庭农场以草莓、番茄、西瓜采摘体验为依托，主打"主城一日游"。现已获得绿色食品认证的产品有番茄、水果番茄、西瓜、黄瓜、茄子、糯玉米。

典范产品1 水果番茄

典范产品2 西瓜

重庆市开州区王修红果树种植家庭农场

　　重庆市开州区王修红果树种植家庭农场已获得绿色食品认证。家庭农场地理位置优越，交通便利，环境优美，无污染，适宜绿色食品种植。家庭农场流转了土地119.4亩，种植出优质翠冠梨100亩，严格按绿色食品标准生产，深受消费者喜爱。农场设有农家乐，将消费者吃、住、行与现场采摘鲜果融为一体，是人们出游、采果的理想选择。

典范产品 **翠冠梨**

色泽翠绿　　质细松脆
汁多味甜　　香甜可口

绿色食品
GreenFood
GF500154210120
经中国绿色食品发展中心许可使用绿色食品标志

梨龙®

翠冠梨

净重：10KG

生产单位：重庆市开州区王修红果树种植家庭农场

优质翠冠梨

执行标准：NT/T 844

　　"梨龙"牌翠冠梨，是严格按绿色食品标准要求生产的放心梨，本基地海拔600米，适宜梨树种植，香甜可口，脆嫩多汁，是伏季人们解暑的理想水果。

地址：重庆市开州区铁桥镇龙泉村6组
电话：15025554903

重庆市武隆区梓归农业开发有限公司

重庆市武隆区梓归农业开发有限公司主要经营业务为高山刺葡萄种植、销售，葡萄酒酿造、销售，农业技术咨询和服务、乡村旅游开发，餐饮服务、住宿，农副产品销售等。基地位于重庆市武隆区桐梓镇桐梓村龙家坡组，公司秉承"绿水青山就是金山银山"的发展理念，以"生态、绿色、健康"为主题，是集产业示范基地、科研基地、技术咨询服务、采摘体验、乡村旅游于一体的科技基地。

典范产品 高山刺葡萄

重庆华绿生物有限公司

　　重庆华绿生物有限公司是上市公司"华绿生物"的全资子公司。公司致力于食用菌的工厂化栽培技术研究、生产与销售，使用优质高产的稳定菌种，采用国际先进的自动化生产线，智能化、数字化水平国内领先，为目前西南地区单体种植规模最大的金针菇生产企业。产品获评重庆市名牌农产品和最佳绿色食品产品，技术水平和产品质量在各大企业中处于领先地位。

典范产品1 华佗牌金针菇

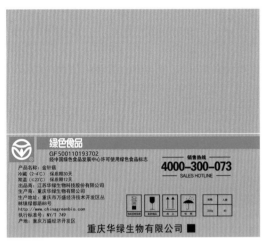

典范产品2 华绿之珍牌金针菇

吉香居食品股份有限公司

吉香居食品股份有限公司在"打造百年品牌、实现百亿业绩"的双百工程引领下，立足于"打造以泡菜、调味料为主的高品质食品"使命，产品遍及全国各地，远销海外多个国家和地区。

典范产品1 吉香居榨菜

典范产品2 下饭菜（榨菜、萝卜、大头菜）

四川南充顺城盐化有限责任公司

　　四川南充顺城盐化有限责任公司是四川省盐业总公司控股的国家食盐定点生产企业，是省政府规划布局的四川四大制盐基地之一，属南充市纳税大户、重点工业企业和食品龙头企业。公司长期致力于广大消费者安全用盐、科学用盐、健康用盐，开发了川晶深井盐等五大系列30多个品种。深井晶盐是四川名牌产品并3次荣获中国绿博会金奖。公司现具备国家食盐定点生产企业资格证书、食品生产经营许可证书、ISO国际质量管理体系认证证书、食品安全管理体系认证证书、国家绿色食品认证证书、国家安全生产标准化企业等证书。

典范产品1 低钠盐

典范产品2 深井晶盐

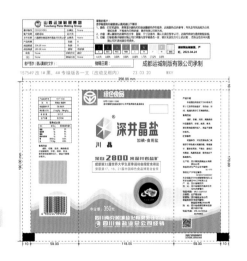

四川省旌晶食品有限公司

　　四川省旌晶食品有限公司一直以"致力于人类营养健康事业"为宗旨，在国内专业研发、生产和销售玉米粉、粗杂粮微粉等系列产品，在 1997 年初次获得绿色食品认证，现有 22 个绿色食品。公司于 2020 年获得中国绿色食品发展中心颁发的全国最美绿色食品企业称号，2021 年被四川省绿色食品发展中心评为二十年绿色食品企业。

典范产品1 快餐营养玉米粉

典范产品2 无糖低脂玉米粉

四川省味聚特食品有限公司

　　四川省味聚特食品有限公司是专业生产四川特色小菜、辣酱等调味品的现代化食品工业企业。公司自 2005 年投产以来，先后被评为农业产业化国家重点龙头企业、全国首批农产品加工业示范企业，产品连续六届获得四川名牌产品称号。目前有口口脆榨菜、学生榨菜等 16 个产品获得绿色食品认证。

典范产品1 口口脆榨菜（酱腌菜）

典范产品2 学生榨菜（酱腌菜）

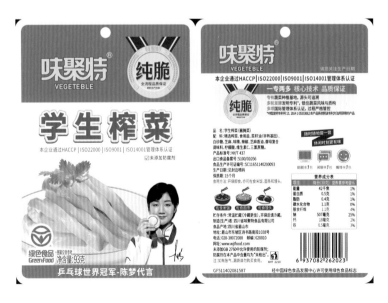

四川久大制盐有限责任公司

　　四川久大制盐有限责任公司拥有四川自贡、遂宁大英、湖北应城三大制盐基地。公司掌握着我国真空制盐工艺设备装置的核心技术，拥有全国盐行业唯一的国家认定企业技术中心、综合性甲级设计研究院、全国井矿盐工业信息中心、全国井矿盐产品质量检测中心，公司已开发出六大系列近200多个品种的产品，成为具有行业影响力的井矿盐龙头企业。

典范产品1 **绿色食品食用盐**

典范产品2 **精纯盐**

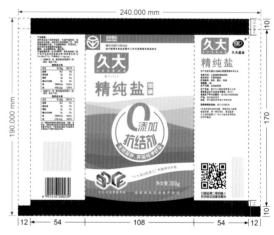

云南腾冲极边茶业股份有限公司

　　云南腾冲极边茶业股份有限公司是一家集茶叶种植、加工、销售及研发于一体的自然人出资有限责任公司。公司采用"公司＋基地＋农户"的模式共发展种植青心乌龙茶园3.1万亩，现已建成标准化高山乌龙茶加工厂4个，3.1万亩茶园中有3 000亩通过有机双认证、1.7万亩通过绿色食品认证。

典范产品 极边高山茶（乌龙茶）

合阳县雨阳富硒农产品专业合作社

合阳县雨阳富硒农产品专业合作社建有年产能 15 000 吨小米深加工生产线一条，配套仓储、研发、检测、电子商务等服务设施，重点开发绿色、富硒系列农产品。公司已通过 ISO 9001 认证，取得国家绿色食品认证、国家知识产权管理体系认证与两化融合管理体系评定证书。

典范产品 黄河黄小米

陕西富平大方天玺绿色农业发展有限公司

陕西富平大方天玺绿色农业发展有限公司是大方集团旗下以"农业特色小镇建设运营、原产地标志品牌保护开发、绿色健康农产品营销销售"为主的生态农业公司。通过全力发展富平尖柿、齐椒、苹果等"三红"特色产业，致力于将企业打造成为集研发、生产、加工、品牌营销于一体的全产业链龙头企业。公司生产的柿柿红富平柿饼、顺阳红苹果先后获得中国绿色食品发展中心绿色食品标识使用授权许可。

典范产品 柿柿红富平柿饼

甘肃通渭飞天食品有限公司

甘肃通渭飞天食品有限公司隶属于甘肃华厦建设集团有限公司，利用当地丰富的豌豆和马铃薯等优势资源，开发了粉丝、淀粉、马铃薯水晶粉、马铃薯鲜粉、方便食品等 7 个大类 15 个系列单品的特色产品。产品连续 30 多年获评甘肃名牌产品，飞天牌商标是甘肃省著名商标。公司获评甘肃省农业产业化重点龙头企业、甘肃老字号企业。

典范产品 马铃薯水晶粉丝

甘肃黄羊河集团食品有限公司

甘肃黄羊河集团食品有限公司隶属于甘肃农垦黄羊河集团公司，是集鲜食玉米种植、加工、销售于一体的农产品加工企业。目前公司主要产品有真空保鲜甜糯玉米、速冻甜糯玉米棒、速冻甜玉米粒、糯玉米糁及杂粮系列产品，新开发了水煮菜等系列产品。现有绿色食品认证产品6项、有机产品认证2项，并先后通过了ISO 9001、ISO 22000、HACCP及出口食品企业备案等认证。

典范产品1 糯玉米（熟）

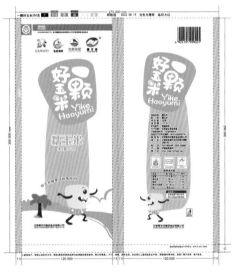

典范产品2 甜玉米（熟）

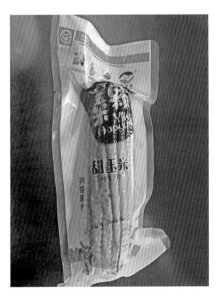

青海诺木洪农林产业有限公司

青海诺木洪农林产业有限公司从 2004 年的"青海省内枸杞栽培的最先探索者、栽培技术示范引领者和枸杞市场开拓者"发展成为"全国集中连片种植规模最大、单产最高、品质最优的枸杞种植基地和全省最大的柴达木枸杞集散地",享有"沙漠绿洲""瀚海明珠"的美誉。具有得天独厚的地理环境与自然气候优势,诺木洪农场枸杞种植已有近 50 年栽培历史。诺木洪农场枸杞产品吸收高原日月之精华,沐浴昆仑山泉之灵气,枸杞个大味美、肉多籽少、玲珑剔透、红颜欲滴,经中国科学院西北高原生物研究所、西北农林科技大学测定,富含人体所需的 18 种氨基酸、还原糖及铁、锌、钙、锗等多种微量元素,具有增强免疫力、补肝益肾、益精明目和美容养颜等功效,是日常保健、营养滋补及馈赠亲友之佳品。经检验枸杞含总糖 59.6%,特优级 150 粒 /50 克、甲级 170 粒 /50 克、乙级 227 粒 /50 克。

典范产品 枸杞

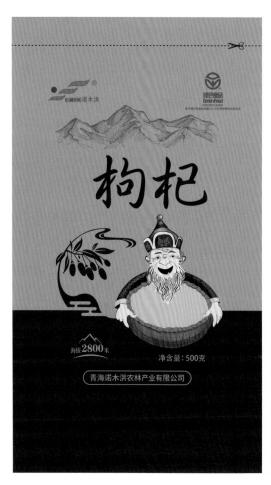

海东市平安区乐乐家庭农牧场

　　海东市平安区乐乐家庭农牧场是集果蔬育苗、种植、销售于一体的企业，以日光节能温室大棚果蔬种植为主，主要品种有香瓜茄（人参果）、西红柿、西葫芦。选用优质品种，积极使用生物有机肥和腐熟农家肥，采用物理杀虫法和杀菌法，病虫害主要以农业防治为主。2021 年被评为市级家庭农牧场，2023 年被评为省级家庭农牧场。

典范产品1 **西葫芦**

典范产品2 **西红柿**

典范产品3 **香瓜茄（人参果）**

青海瑞湖生物资源开发有限公司

青海瑞湖生物资源开发有限公司是 2013 年中国青海绿色发展投资贸易洽谈会重点招商企业。公司致力于青海红枸杞、青稞等农产品的种植销售及菊芋、牦牛皮、三文鱼皮等农副产品的精深加工，重点研发生产天然细胞修复、肠道健康、减脂增肌等系列产品。公司自成立以来陆续获得了第五批国家林业重点龙头企业、高新技术企业、青海省专精特新企业、青海省科技型企业、文明诚信私营企业、西宁市专利示范单位等荣誉称号，并获得 36 个相关专利，24 个软件著作权登记证书。产品获得绿色食品认证。

典范产品1 **青海红枸杞**

典范产品2 **青稞米**

新疆天山面粉（集团）有限责任公司

新疆天山面粉（集团）有限责任公司是第二批农业产业化国家重点龙头企业，作为国有专业化小麦粉加工集团，始终专注于面粉事业的绿色发展，秉承"安全、绿色、营养、优质、健康"的发展理念，逐步发展壮大，目前已成为新疆面粉行业产销规模最大的面粉加工企业。

典范产品1 雪花粉（小麦粉）

典范产品2 特制一等小麦粉

新疆小白杨酒业有限公司

　　新疆小白杨酒业有限公司拥有新疆一流的技术团队和白酒专业检测设备，1996 年获评农业部百强企业，酒厂技术中心被认定为自治区级技术中心。白杨系列产品酒，以白杨、小白杨、一家亲三大品牌为主的注册商标已形成老窖、特曲、大曲、白酒、营养保健酒等系列 80 余种产品。公司产品在 2006 年获绿色食品认证，在历年绿色食品博览会上屡获金奖，先后获中国知名品牌、新疆十大畅销名酒、新疆著名商标、全国产品质量公正十佳品牌、新疆名牌产品等荣誉。

典范产品1 46度白杨老窖（浓香型白酒）

典范产品2 52度白杨老窖（浓香型白酒）

附录：中国绿色食品商标标志设计使用规范（摘录）

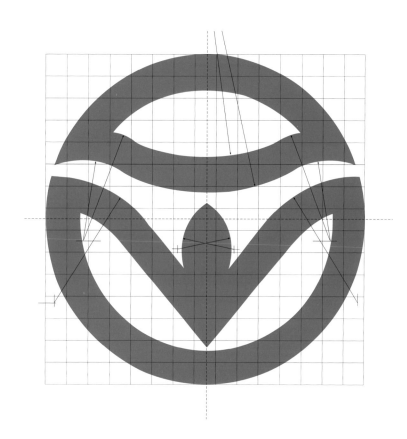

中国绿色食品发展中心
CHINA GREEN FOOD DEVELOPMENT CENTER

说明

1. 为了指导绿色食品企业规范使用绿色食品标志，依据《绿色食品标志管理办法》《绿色食品包装通用准则》《绿色食品标志使用管理规范》，中国绿色食品发展中心对2013年编制的《中国绿色食品商标标志设计使用规范手册（摘要）》进行了修订。绿色食品企业应严格按照本《手册》的要求，在其获证产品包装设计及宣传广告中规范使用绿色食品标志。

2. 本《手册》对绿色食品标志图形（简称"绿标"）、中英文字体、颜色等基本要素作了标准规定，绿色食品企业在其获证产品包装上使用时，可根据需要按比例进行缩放，但不得对要素间的尺寸做任何更改。

3. 绿色食品预包装产品包装上应印刷绿色食品商标标志。不适于印刷商标标志的产品可选用粘贴式标签，粘贴式标签须向中心指定的印制单位订购。

4. 绿色食品标志图形在包装上使用时，须附注注册商标符号。绿色食品企业须按照"标志图形、中英文文字与企业信息码"的组合形式设计获证产品包装。"获证产品包装设计样稿"须随申报材料同时报送中国绿色食品发展中心审核。

5. 绿色食品标志图形在宣传活动中使用时，不附注注册商标符号。未经商标注册人许可，任何单位及个人不得随意使用绿色食品标志图形。

6. "绿色食品标志图形、中英文版式"矢量图可通过中国绿色食品发展中心官网下载（网址：www.greenfood.org）。

7. 本《手册》自修订之日起施行，原《摘要》（2013年版）同时废止。

8. 本《手册》由中国绿色食品发展中心负责解释。

中国绿色食品发展中心

二〇二一年十月

A1

绿色食品标志图形基本要素

A1-1
绿色食品标志图形及其含义

　　绿色食品标志由三个部分组成，即上方的太阳、下方的叶片和中心的蓓蕾，象征自然生态；颜色为绿色，象征着生命、农业、环保；图形为正圆形，意为保护。绿色食品标志图形表达明媚阳光照耀下人与自然的和谐与生机，告诉人们绿色食品正是出自优良生态环境的安全、优质食品，能给人们带来蓬勃的生命力，同时还提醒着人们要保护环境，通过改善人与自然的关系，创造自然新的和谐。

A1-2
绿色食品标志图形方格图

绿色食品标志图形作为商标使用时，必须加®，®可加在下图所示位置。

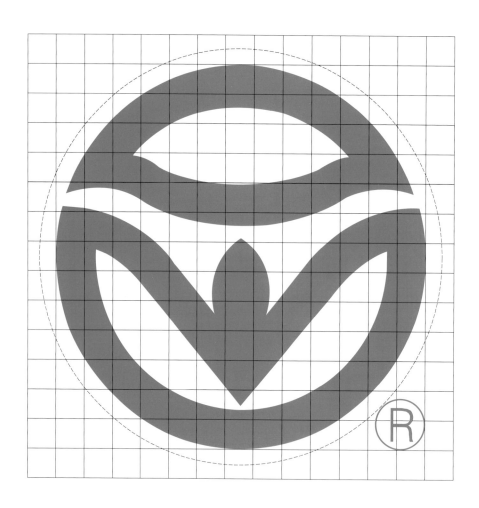

方格图

A1-3
绿色食品标志字体及标准色

绿色食品标志图形

绿色食品标志图形及中英文标准字已在国家知识产权局商
标局注册,使用者不可再做修改,绿色食品标志图形矢量图
可在中国绿色食品发展中心官网下载。

绿色食品中文标准字

绿色食品英文标准字

绿色食品标志图形标准色

C100　Y90

A1-4
绿色食品中英文标准结构

绿色食品中文标准字
方格图

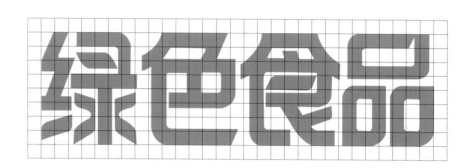

绿色食品英文标准字
方格图

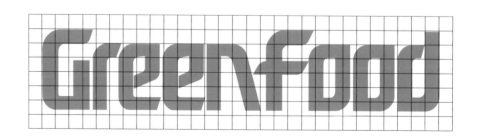

A1-5
绿色食品标志图形使用规范

在使用绿标过程中注意上下左右预留空间,标志最小使用直径为4mm。

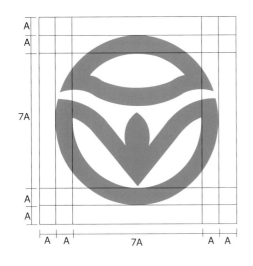

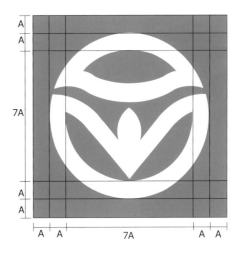

最小使用直径为4mm

A1-6
绿色食品标志图形颜色应用

绿标在白色底色上印制时，仅使用绿色；在相同明度绿色底色或其他颜色为底色印制时，需垫白色或使用反白色。

绿标在金、银等专有材料上印制时可免去垫白色。

绿标在黑白印刷时，色值为BL100。

中、英文标准色 C100　Y90

中文名称的标准色 C100　Y90

英文名称的标准色 C50　Y80

绿标与中、英文名称组合反白

黑白印刷时的用法

A1-7
绿色食品标志图形组合方式

绿标与中、英文名称横式组合的比例

中、英文名称按照比例横排于绿标
右方，且左右对齐。

绿标与中文组合

绿标与英文组合

绿标与中、英文名称竖式组合的比例

中、英文标准字左右居中排于绿标之下的组合

B1

绿色食品商标标志与企业信息码的组合

企业信息码（GFXXXXXXXXXXXXX）是中国绿色食品发展中心赋予每个绿色食品企业的唯一数字编码， 应与《绿色食品标志使用证书》上的企业信息码相一致，并在产品包装上体现。绿色食品商标标志与企业信息码的组合有以下七种形式供选择。底色为白色时，图形和文字应为绿色。企业信息码的下方可标注"经中国绿色食品发展中心许可使用绿色食品标志"字样。

组合一

组合二

组合三

组合四

GFXXXXXXXXXXXX

组合五

GFXXXXXXXXXXXX

组合六

GFXXXXXXXXXXXX

组合七

B2

绿色食品包装上商标标志与企业信息码应用示范

B2-1
袋类包装上商标标志与企业信息码的应用示范

标准组合示范

绿标、文字和企业信息码，组成整体的绿色食品商标标志系列图形。该系列图形应严格按规范设计，出现在产品包装的醒目位置，通常置于最上方，和整个包装保持一定的比例关系，不得透叠其他色彩和图形。企业信息码应以该产品获得的标志许可使用证书为准，其后附"经中国绿色食品发展中心许可使用绿色食品标志"字样，并须与标志图形出现在同一视野。

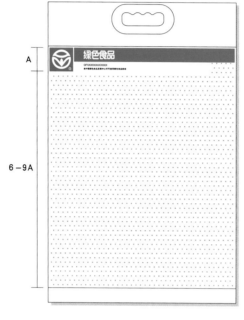

（包装正面矢量参考）　　　　（包装正面示范）

分离组合示范

当某些产品包装图案与标准组合示范不适用时，可将商标组合、企业信息码拆分放置于产品包装的展销主视面上，或包装图案任一位置。

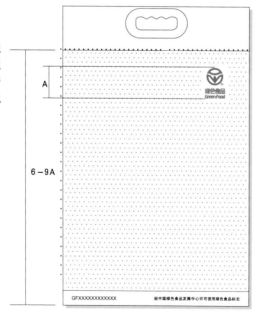

（包装正面矢量参考）　　　　（包装正面示范）

B2-7
捆绑类包装上商标标志与企业信息码的应用示范

捆绑带包装物料

在某些蔬菜类单独包装上，用
保鲜膜包裹后，需要用到捆绑
胶带。绿色食品商标标志系列
图形应置于包装捆绑带上。企
业信息码应以该产品获得的标
志许可使用证书为准，其后附
"经中国绿色食品发展中心许
可使用绿色食品标志"字样。
环保要求参见相关标准。